Michaela Meyer, Felipe Jacobs

Franck-Hertz-Versuch mit Quecksilberatomen

GRIN Verlag

Bibliografische Information der Deutschen Nationalbibliothek:

Die Deutsche Bibliothek verzeichnet diese Publikation in der Deutschen National-
bibliografie; detaillierte bibliografische Daten sind im Internet über http://dnb.d-
nb.de/ abrufbar.

Impressum:

Copyright © 2013 GRIN Verlag GmbH
Druck und Bindung: Books on Demand GmbH, Norderstedt Germany
ISBN: 978-3-656-51093-2

Universität Flensburg

Seminar Experimentalpraktikum Optik & Elektrizität

Sommersemester 2013

Protokoll zu „P3 – Der Franck-Hertz-Versuch"

Felipe Jacobs

Fächer: Mathematik, Physik

Michaela Meyer

Fächer: Geografie, Physik

Inhaltsverzeichnis

1. Grundlagen

1.1 Historischer Kontext

Die zu Beginn des letzten Jahrhunderts kristallisierte sich in der Physik ein neues Teilgebiet heraus, welches bis zu jener Zeit wenig bekannt und erforscht war, die Quantenphysik.

Nach der „Geburt" der Quantenphysik im Jahr 1900 mit der durch Max Plank veröffentlichten Theorie der Hohlraumstrahlung, sind darüber hinaus der Millikan Versuch 1909 zu nennen, sowie das Rutherfordsche Atommodell von 1911. (UNI MAINZ 2005)

1913 führten James Franck und Gustav Hertz ein Experiment zum Nachweis diskreter Energiestufen in Atomen durch. Zu jenem Zeitpunkt nahmen die Experimentatoren jedoch an, dass sie die Ionisierungsenergie des Quecksilberdampfes bestimmt hätten. (FRANCK & HERTZ 1914) Was sie wirklich mit ihrem Versuch bewiesen bzw. erreicht hatten, wurde ihnen erst später bewusst.

Dieser „Franck-Hertz-Versuch" wurde 1914 veröffentlicht und 1925 mit dem Nobelpreis ausgezeichnet. Er galt als Nachweis bzw. Bestätigung des Bohrschen Atommodells, welches ebenfalls 1913 von Niels Bohr entwickelt wurde.

(UNI MAINZ 2005)

1.2 Theoretische Grundlagen

Der Franck-Hertz-Versuch, häufig auch als Elektronenstoßversuch bezeichnet, zeigt, dass Elektronen die z.B. durch thermische Energie beschleunigt werden, bei einem Zusammenstoß mit Quecksilberatomen ihre kinetische Energie abgeben können.

Diese Energieabgabe erfolgt jedoch nur, wenn die Elektronen ein bestimmtes energetisches Niveau erreicht haben, welches ausreicht, um die Quecksilberatome anzuregen. Die Abgabe der kinetischen Energie vom freien Elektron an das Atom erfolgt mittels eines unelastischen Stoßes. Ferner erfolgt die Energieübertragung nicht kontinuierlich, sondern in periodischen Abständen. Die Energie wird sozusagen in Paketen oder Quanten übertragen. Man spricht daher von einer diskreten Energieübertragung. Der kritische Grenzwert der Energieübertragung, welcher nicht unterschritten werden darf, liegt im Falle von Quecksilberatomen bei 4,9 eV. Denn erst ab diesem Wert kann das Quecksilberatom die vom Elektron ausgesandte Energie überhaupt aufnehmen.

Bei geringeren Energiewerten kommt es hingegen nur zu elastischen Stößen, bei denen jedoch keine Energieübertragung erfolgt. (GREHN & KRAUSE 2007:407f)

Die im selben Jahr stellte der dänischen Physiker Niels Bohr drei Postulate auf. Wobei v für die Frequenz des emittierten Photons steht, h das Planksche Wirkungsquantum bezeichnet.

1. Elektronen bewegen sich auf Kreisbahnen und den Atomkern herum ohne dabei jedoch Energie abzustrahlen

2. Wenn ein Elektron von seiner Kreisbahn, auch als stationärer Zustand bezeichnet, in einen stationären Zustand niedrigerer Energie übergeht wird ein Photon emittiert. Die Energie des Photons entspricht der Energiedifferenz der beiden Energieniveaus

$$v = \frac{E_a - E_e}{h} \ \cdot \ \Rightarrow v \cdot h = E_a - E_e \Rightarrow v \cdot h = \Delta E$$

Bei einem Übergang von einem stationären Zustand niedrigerer Energie in einen Zustand höherer Energie wird dementsprechend ein Photon absorbiert.

3. Die Positionen der Kreisbahnen werden festgelegt durch den Drehimpuls L der Elektronen. Dieser berechnet sich durch: $L = n \cdot \dfrac{h}{2\pi}$. Wobei die Quantenzahl n eine natürliche Zahl ist und der Kreisbahnnummer entspricht. (GIANCOLI 2010:1284)

Der Frank-Hertz-Versuch stellt eine Möglichkeit dar die Bohrschen Postulate zu beweisen. Anhand des charakteristischen Kurvenverlaufes, welcher in einem I(U) Diagramm dargestellt ist, wird ersichtlich, dass die Abstände zwischen zwei Minima, bzw. zwei Maxima äquidistant sind. Die Anregung der Quecksilberatome ist demnach nur bei einem bestimmten Energiewert (4,9eV) möglich.

Der Energieübertrag von Elektron auf Quecksilberatom erfolgt also nicht kontinuierlich, sondern nur in ganz bestimmten Energieportionen, den so genannten Quanten.

Details im Verlauf des Protokolls

Der Elektronenstoßversuch spielt sich im Inneren einer mit Quecksilberdampf gefüllten Röhre ab. Hier werden Elektronen, die aus einer beheizten Kathode austreten durch eine angelegte Spannung U_B zu einem ebenfalls in der Röhre befindlichen Gitter hin beschleunigt.

Die zwischen der Kathode und der Gitteranode wirkende Beschleunigungsspannung U_B ist variabel, und wird während des Versuchs zwischen $0V - 80V$ variiert. Zwischen der Gitteranode und einer Auffängerelektrode wirkt eine Gegenspannung, U_G die je nach Versuchsaufbau einen Wert zwischen 0,5- 2,0 V besitzt. Die beschleunigten Elektronen bewegen sich von der Kathode in Richtung Gitteranode. Sie erhalten dabei eine kinetische

Energie von $E_{kin} = U_B \cdot e$. Wobei e für die Elementarladung von $1{,}602176565 \cdot 10^{-19} C$ steht. (VOGEL 1995:294) Einige von ihnen kollidieren auf diesem Weg mit Quecksilberatomen. Andere erreichen das Anodengitter. Hinter dem Anodengitter kehrt ein Teil wieder um, da er zu wenig Energie besitzt, der andere Teil erreicht trotz der bremsenden Wirkung der Gegenspannung die Auffängerelektrode. Jene Auffängerelektrode erreichen also nur die Elektronen, deren kinetische Energie hoch genug ist die Gegenspannung U_G, bzw. deren bremsende Wirkung zu überwinden. Demnach muss gelten: $U_B > U_G$. Die Höhe des Auffängerstroms kann demnach als Maß dafür betrachtet werden wie viele Elektronen die Auffängerelektrode erreichen. Der Strom I_A zwischen Anode und Auffängerelektrode lässt sich mit einem Multimeter bestimmen.

In unserem Versuchsaufbau wurde der Auffängerstrom I_A jedoch in ein Spannungssignal umgewandelt und so als U_A in Cassy ausgegeben.

Betrachtet man die Elektronen, die auf ihrem Weg Richtung Anode mit einem Quecksilberatom kollidieren so ergeben sich hier zwei mögliche Abläufe.

Wenn die Elektronen eine geringe Energie besitzen, also weniger als 4,9eV kommt es zu einem elastischen Stoß, und damit zu keinem Energieaustausch. Wenn die Energie der Elektronen jedoch bei steigender Beschleunigungsspannung wächst, kommt es zu einem unelastischen Stoß, bei dem das Quecksilberatom angeregt wird. Das freie Elektron gibt seine kinetische Energie dabei ab. Ein Hüllenelektron des Quecksilberatoms wird angeregt und springt von seinem ursprünglichen Niveau in ein energiehöheres Niveau. Da dieser Zustand jedoch nicht besonders stabil ist, kehrt dieses Elektron nach kurzer Zeit in seinen ursprünglichen Zustand, der energieärmer ist, zurück. Dabei wird ein Photon emittiert. Die Energie dieses Photons entspricht: $\Delta E = h \cdot v = U_B \cdot e$. Nur die Elektronen, die durch das Anodengitter hindurch zur Auffängerelektrode gelangen tragen ihren Anteil zum Auffängerstrom bei. Dieser gilt als Maß dafür wie viele Elektronen genügend Energie haben um sich gegen die Anodenspannung durchzusetzen. Als letztes ist die Heizspannung U_H zu erwähnen, deren Aufgabe die Energieversorgung der Kathode beinhaltet. In Anlehnung an das Versuchsskript, sowie Grehn & Krause 2007 haben wir sie auf $(6{,}2 \pm 0{,}1)$V eingestellt. Die relevanten zu messenden Größen sind bei diesem Versuch der Auffängerstrom I_A, sowie regelbare Beschleunigungsspannung U_B. (EICHLER & KRONFELDT & SAHM 2006:492) Zum besseren Verständnis des Versuchsaufbaus soll folgende Abbildung beitragen.

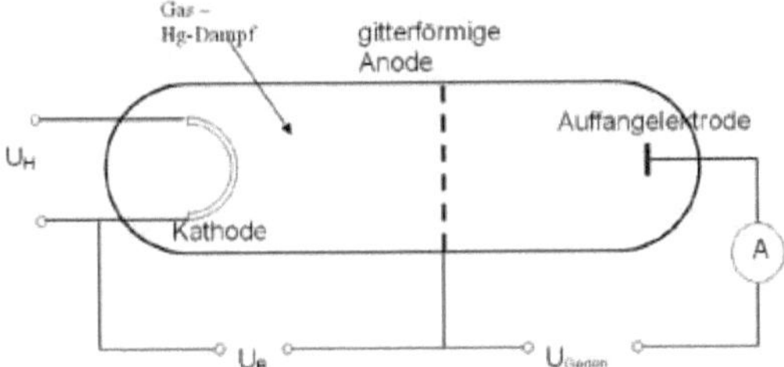

Abbildung 1:Schema des Versuchaufbaus

(KONRAD, U.)

Wenn man sich mit Energiewerten von Elektronen und Atomen beschäftigt, ist es sinnvoll auf Grund der Größenverhältnisse statt der bekannten Einheit Joule die Einheit Elektronenvolt eV zu verwenden. „Ein Elektronenvolt ist definiert als die Energie, die ein Teilchen mit einer Ladung gleich der des Elektrons $(q = e)$ aufnimmt, wenn es von seiner Potentialdifferenz von 1V beschleunigt wird." (GIANCOLI 2010:806) 1eV entspricht. $1{,}6 \cdot 10^{-19}\,J$

Um das Verhalten der Elektronen sowie Elektronensprünge im Atom zu verstehen ist es sinnvoll sich anhand eines Modells den Aufbau eines Quecksilberatoms zu veranschaulichen. Das Quecksilberatom verfügt über einen positiv geladenen Kern, um den herum sich Elektronen auf verschiedenen Schalen befinden. Jedes Element hat eine andere individuelle Elektronenkonfiguration, die dem Periodensystem der Elemente zu entnehmen ist. Die Elektronenkonfiguaration die den 80 Elektronen (im Grundzustand) zugeschrieben wird ist: $1s^1 2s^2 2p^6 3s^2 3p^6 3d^{10} 4s^2 4p^6 4d^{10} 4f^{14} 5s^2 5p^6 5d^{10} 6s^2$. Die Buchstaben s, p, d und f bezeichnen hierbei die unterschiedlichen Orbitale. Die ersten 5 Schalen sind bei Quecksilber komplett besetzt. Die äußerste bereits besetzte Schale ist jedoch nur mit 2 Elektronen besetzt, d. h. sie ist nicht vollständig gefüllt ($6s^2$). Es ist also noch Platz im 6 p und 6 d Orbital, sowie in äußeren weiter vom Kern entfernten Schalen wie z.B. der 7. Schale. (VOGEL 1995:646) Die Elektronensprünge sind jedoch an Regeln gebunden. So muss bezüglich der Bahndrehimpulsquantenzahl l beachtet werden, dass sie sich nur um 1 ändern darf. Das bedeutet: $\Delta l = \pm 1$

Den verschiedenen Orbitalen werden unterschiedliche Bahndrehimpulsquantenzahlen l zugeordnet. s = 0, p=1 d=2 f=3.

Demnach ist in diesem Fall ein Übergang vom s-Orbital zu den p-Orbitalen möglich. (ATKINS 2001:496ff) Laut dem Grotrian Diagramm können folgende Elektronensprünge bei

Anregung des Hg-Atoms stattfinden: 1. $6^1s_0 \rightarrow 6^3p_1$ 2. $6^1s_0 \rightarrow 6^1p_1$ 3. $6^1s_0 \rightarrow 6^3p_2$

4. $6^1s_0 \rightarrow 6^3p_0$. Die ersten beiden Übergänge gelten als optisch erlaubt. Übergang 3. und 4.

gelten als optisch verboten und sollen laut Atkins spektroskopisch nicht zu beobachten sein.

(ATKINS 2001:507) Wir erwarten, dass der Übergang $6^1s_0 \rightarrow 6^3p_1$ mit der Anregungsenergie

4,89eV am Häufigsten stattfinden wird.

Die genauere Betrachtung der Franck-Hertz-Kennlinie werden wir im Fazit vornehmen.

Die folgende Grafik zeigt den charakteristischen Verlauf für Quecksilber.

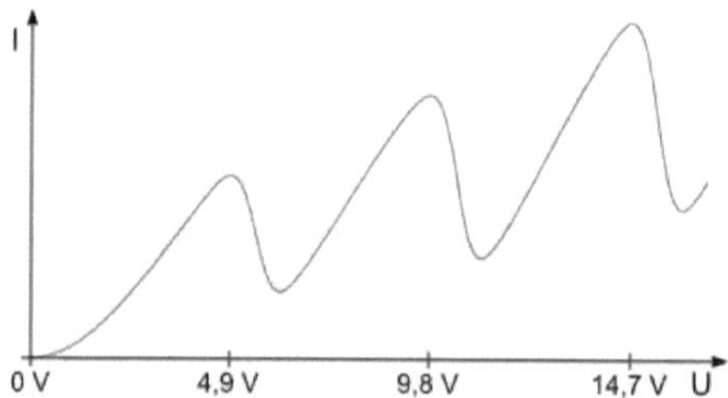

Abbildung 2:Schematischer Verlauf der I (U) Franck-Hertz-Kennlinie für Hg
(UNI GÖTTINGEN)

Die aus der Kathode kommenden Elektronen werden durch U_B beschleunigt, und nehmen

dabei Energie auf. Einige erreichen durch das Anodengitter die Auffängerelektrode. Die Folge

ist, dass der Strom I_A ansteigt. Jedoch nur bis zu einem bestimmten Punkt, dem 1. Maximum.

Im Idealfall befindet sich dieses bei 4,89V. Dieses Maximum ist dann erreicht, wenn die

Elektronen so wie Energie aufgenommen haben, dass es zu einem unelastischen Stoß mit den

Hg-Atomen kommt. Das Elektron hat nun fast seine gesamte Energie abgegeben. Im Hg-

Atom findet dann ein Energiesprung statt. Das heißt ein Hg-Elektron geht von einem

niedrigeren energetischen Zustand in einen höheren über. Das freie Elektron hat jedoch nun

so wenig Energie, dass es aufgrund der bremsenden Wirkung der Gegenspannung die

Auffängerelektrode nicht mehr erreicht. Daher sinkt I_A deutlich ab. Wenn man U_B nun

erhöht, erreichen mehr Elektronen pro Zeiteinheit die Auffängerelektrode, und der

Auffängerstrom steigt stärker. Das zweite Maximum liegt damit etwas höher, als das Erste.

Nach dem 2. Maximum sinkt der Auffängerstrom wieder ab. Auch haben die Elektronen im

zweiten Durchflug so viel Energie, dass sie häufig zwei unelastische Stöße mit den Hg-

Atomen ausführen können. Der Vorgang wiederholt sich periodisch. Die Abstände zwischen

den Maxima, oder auch Minima, sind (theoretisch) immer gleich, sie betragen im

Idealfall $\Delta U = 4,89V$. Die diskreten Trennungen zwischen den Energieniveaus sind anhand der immer wiederkehrenden Maxima und Minima zu erkennen, bzw. an deren Differenzen. Der sinkende Auffängerstrom rührt daher, dass die Anzahl der Elektronen, die nach dem Zeitpunkt des unelastischen Stoßes noch die Auffängerelektrode erreichen, abnimmt.

Würde die Energie nicht diskret, also in Quanten übertragen werden, würde man keine periodisch wiederkehrenden Maxima und Minima in der Kennlinie vorfinden. Wäre die Energieübertragung kontinuierlich, hätte man einen stetig ansteigenden Strom.

Die Gegenspannung kann nicht direkt im Diagramm abgelesen werden, sondern nur indirekt. Durch die Maxima-Minima-Ausprägung. Bei einer geringen Gegenspannung, z.B. 1,0V steigt der Wert des Auffängerstroms, die Maxima und Minima sind jedoch geringer ausgeprägt. Anders herum bei einer hohen Gegenspannung, z.B. 2,5V. Der Auffängerstrom sinkt insgesamt ab. Maxima und Minima sind jedoch stärker ausgeprägt. Häufig wird in der Literatur z. B. Grehn; Krause eine Gegenspannung von 1,5-2,0V empfohlen.

Dieser Elektronenstoßversuch ist theoretisch mit jedem Gas möglich. Wichtig bei diesem Elektronenstoßversuch ist vielmehr, dass der Druck in der Röhre gering ist, damit die Elektronen überhaupt eine genügend lange freie Beschleunigungsstrecke haben, bevor sie auf die Atome stoßen. Die Wahl des Quecksilbergases ist wohl eher historisch begründet, da Franck und Hertz auch Quecksilberdampf verwendet haben. Neon wird gerne aus didaktischen Gründen, wegen der optischen Veranschaulichung des Phänomens, von Lehrern als Oberstufenversuch eingesetzt. Der Einsatz von Helium ist grundsätzlich möglich, allerdings ist die Anregungsenergie mit 24,6eV höher als bei Quecksilber. Helium hat im Grundzustand 2 Elektronen auf seiner äußersten Bahn, d h. die 2 Elektronen befinden sich im 1s-orbital: $1s^2$. Bei einer Anregung kann auf ein höheres Energieniveau, in diesem Fall auf ein 2p-Orbital springen. Der Übergang von 1s zu 2s ist verboten, da in diesem Falle l= 0 wäre. (ATKINS 1993:131). Bei Helium sollte man allerdings eine höhere Beschleunigungsspannung verwenden, wenn man mehrere Maxima erreichen möchte, sprich der Versuchsaufbau müsste bezüglich der Temperaturen und Spannungen etwas modifiziert werden.

Wasserstoff besitzt nur ein Elektron, die Elektronenkonfiguration im Grundzustand ist $1s^1$. Bei einer Anregungsenergie von 10,2eV findet demnach beim Wasserstoffatom ein Energieniveausprung statt. In der Literatur werden häufig Elektronenstoßversuche mit Hg und Ne beschrieben, mit Helium selten. Die praktische Umsetzung des Franck-Hertz-Versuches mit Wasserstoff haben wir in der Literatur nicht finden können. In der Theorie scheint sie jedoch möglich. Würde man diesen Versuch bei Zimmertemperatur durchführen, bzw. die Röhre in einem unbeheizten Zustand von $20°C$ lassen, so wäre das Quecksilber flüssig. Die gewünschte Kollision von den freien Elektronen und Quecksilberatomen würde nicht stattfinden. Die Elektronen könnten daher schnell und ohne Zusammenstöße zur Anode gelangen. Dementsprechend würde nach kurzer Zeit der Strom I_A stark ansteigen und nach einer Weile relativ konstant belieben. Die Röhre verhält sich dann wie eine Röhrendiode (Vakuum), die bei ausreichender Anodenspannung einen Anodenstrom ermöglicht. Die Kennlinie würde sich oben abflachen, da die Anzahl der Elektronen von der Anzahl der emittierten Elektronen der beheizten Kathode abhängt.

Wir erwarten folgende Kennlinie:

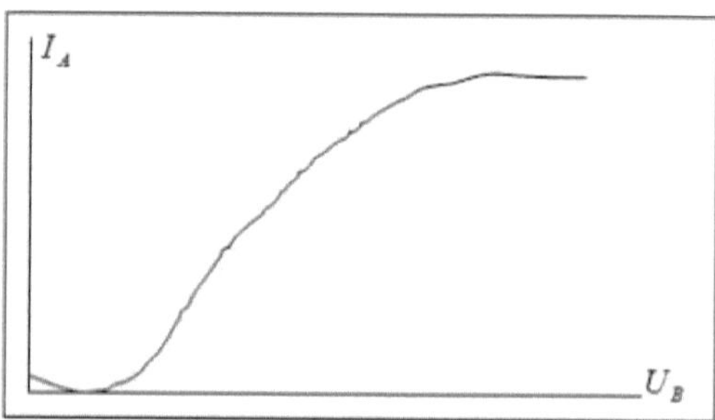

Abbildung 3:Skizze der erwarteten Kennlinie

Eigene Darstellung

2. Darstellung der Franck-Hertz-Kennlinie am Oszilloskop

2.1 Versuchsaufbau- und Durchführung

Die Hg-Röhre wird nach Anleitung mit dem Steuergerät verbunden. In die Hg-Röhre führen wir oben einen Temperaturfühler ein, der mit einem digitalen Thermometer verbunden ist, welches uns den Temperaturverlauf der Röhre anzeigt. Zur Veranschaulichung der Abläufe verbinden wir das Steuergerät mit einem Oszilloskop.

Zunächst heizen wir den Ofen der Hg-Röhre hoch. Dafür stellen den Drehschalter an der Seite des Ofens auf Max. Nach ca. 15- 20 Minuten ist ein Temperaturwert von $(165{,}0 \pm 4{,}0)\ °C$ erreicht. *(Die Messreihen bei einer Temperatur von $(181 \pm 4{,}0)°C$ wurden zu einem späteren Zeitpunkt aufgenommen.)* Wir entscheiden uns an dieser Stelle den Drehschalter nicht über die erlaubte Markierung hinaus zu drehen, sondern den Versuch mit einer Temperatur von $(165 \pm 4{,}0)°C$ durchzuführen.

Am Steuergerät nehmen wir folgende Einstellungen vor: Ramp 60Hz, Beschleunigungspannung 40V.

Auf dem anlogen Oszilloskop ist nun die Franck-Hertz-Kennlinie für Hg zu erkennen.

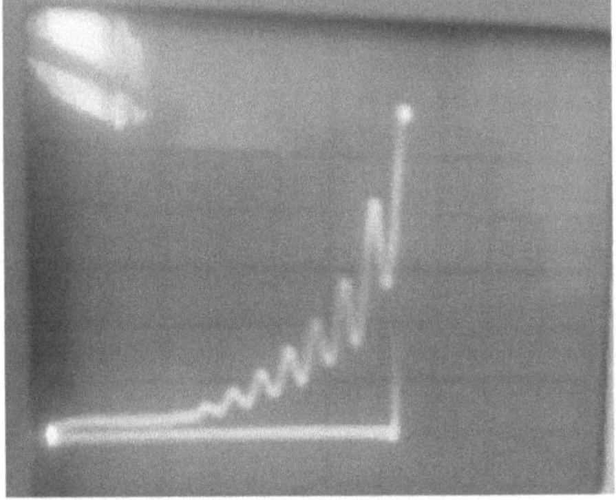

Abbildung 4:Franck-Hertz-Kennlinie
Eigene Aufnahme

2.2. Auswertung

Die Kennlinie verläuft zu Beginn sehr flach ohne erkennbare Maxima und Minima. Erst ab einer Beschleunigungsspannung von ca. 10 V ist das 1. Maximum zu erkennen. In etwa gleichen Abständen folgen die weiteren Maxima höherer Ordnung. Bei unserer Oszilloskopeinstellung entspricht 1 Kästchen in X-Achsenrichtung =1V. Da wir wissen, dass die vom Steuergerät ausgegebene Spannung U_B um den Faktor 10 kleiner ausgegeben wird, multiplizieren wir die 1V mit 10. Ein Kästchen in X-Achsenrichtung entspricht demnach 10V. Wir können nun erkennen, dass die Maxima in einem ungefähren Abstand von $(5,0 \pm 0,5)V$ auftreten. Dies deckt sich mit unserem Erwartungswert von 4,9V.

3. Aufnahme der händischen Messreiche

3.1 Versuchsdurchführung

Im Anschluss wurde die händische Messreihe folgendermaßen durchgeführt. Ein Voltmeter wurde an die Y-Ausgangsbuchse, das andere an die X-Ausgangsbuchse des Steuergerätes angeschlossen. Die Beschleunigungsspannung wurde manuell hochgeregelt. Die Messreihe wurde bei einer Temperatur von $(165 \pm 4,0)°C$ und einer Gegenspannung von $(1,5 \pm 0,2)V$ durchgeführt.

3.2 Versuchsauswertung

Die unten stehende Tabelle stellt die Werte für U_A in mV und U_B in Volt dar. Die Messwerte unterliegen Ableseungenauigkeiten. Die Messbereiche an den Multimetern, an denen U_A und U_B abgelesen wurden, wurden während des Versuchs verändert. Auch zu beachten ist, dass die Beschleunigungsspannung als $\frac{U_B}{10}$ ausgegeben wurde. Ein einheitlicher Größtfehler kann nicht angegeben werden. Aufgrund des Messbereichswechsels wurde $U_B > 30V$ nur noch in 1V Schritten gemessen.

Wir geben die Ableseungenauigkeiten folgendermaßen an:

U_B 0 bis 30V $\Delta U_B = 0,25V$ $U_B > 30V$ $\Delta U_B = 0,5V$

U_A 0 bis 100mV $\Delta U_A = 1mV$ U_A 101 bis 300mV $\Delta U_A = 2,5mV$

$U_A > 301mV$ $\Delta U_A = 10mV$

Die Genauigkeitsklasse des Messinstruments wird vom Hersteller mit 2 angegeben, sie bezieht sich gem. IEC/EN 60051 auf den jeweiligen Messbereichsendwert. Die tatsächlichen

Messfehler müssen daher für jeden Messwert auf den Endwert bezogen berechnet werden. Dies stellt, zusätzlich zur Ableseungenauigkeit, eine Fehlerquelle dar.

Unsere Messwerte sind Tabelle 1 zu entnehmen. Die Maxima sind farblich unterlegt. Die Differenzen der Maxima schwanken zwischen 4- 5V. Es ist erkennbar, dass die Maxima periodisch wiederkehren.

Tabelle 1:Messwerte der händischen Messreihe

U_A in mV	U_B in V	U_A in mV	U_B in V	U_A in mV	U_B in V
0	1	215	27	900	46
0	10	180	27,5	550	47
34	14	150	28	500	48
44	15	145	28,5	1000	49
60	16	130	29	1490	50
74	17	200	29,5		
86	18	260	30		
75	19	340	31		
90	20	260	32		
120	20,5	160	33		
140	21	300	34		
155	21,5	480	35		
170	22	560	36		
160	22,5	400	37		
115	23	220	38		
85	23,5	360	39		
85	24	680	40		
100	24,5	700	41		
130	25	380	42		
165	25,5	320	43		
195	26	800	44		
200	26,5	1200	45		

Eigene Darstellung

4. Kennlinienaufnahme mit Cassy Lab

4.1 Versuchsaufbau- und Durchführung

Im zweiten Teilversuch wurde die Franck-Hertz-Kennlinie mit dem Cassy Sensor und dem Programm Cassy Lab aufgenommen. Das Steuergerät wurde dazu mit den X und Y Buchsen des Cassy Sensors verbunden, dieser wiederum mit einem USB-Kabel an einen Laptop angeschlossen. Aufgrund der Aufgabenstellung, mehrere Messreihen mit unterschiedlichen Gegenspannungen und Temperaturen aufzunehmen sind wir folgendermaßen vorgegangen:

1.) Temperatur: $(181,0 \pm 4,0)°C$ U_G a) $(2,0 \pm 0,2)V$ b) $(1,5 \pm 0,2)V$ c) $(1,0 \pm 0,2)V$

2.) Temperatur: $(165,0 \pm 4,0)°C$ U_G a) $(2,0 \pm 0,2)V$ b) $(1,5 \pm 0,2)V$ c) $(1,0 \pm 0,2)V$

3.) Temperatur: $(145,0 \pm 4,0)°C$ U_G a) $(2,0 \pm 0,2)V$ b) $(1,5 \pm 0,2)V$ c) $(1,0 \pm 0,2)V$

4.) Temperatur: $(123,0 \pm 4,0)°C$ U_G a) $(2,0 \pm 0,2)V$ b) $(1,5 \pm 0,2)V$ c) $(1,0 \pm 0,2)V$

Der Kippschalter wurde wieder auf manuell gestellt. Die Messung wurde mit dem Programm Cassy Lab gestartet. Während des Messablaufes haben wir die Beschleunigungsspannung am Steuergerät langsam von 0V auf 70V erhöht.

Die Messwertabellen der 12 Durchgänge wurden von Cassy Lab in Excel übertragen, und dort anschließend Diagramme erstellt.

4.2 Versuchsauswertungen

Die folgenden Diagramme stellen die relevanten Bereiche der Messergebnisse graphisch dar. Der gemessene Auffängerstrom sollte eigentlich in nA angegeben werden, im Steuergerät wird dieser Strom jedoch in ein Spanungssignal umgewandelt, und auch in Cassy als U_a betitelt. Wir haben uns daher entschlossen die Achsen mit U_a und U_b zu beschriften.

Laut der Cassy Lab Bedienungsanleitung entspricht 1V einem nA.

(Bedienungsanleitung Cassy Lab)

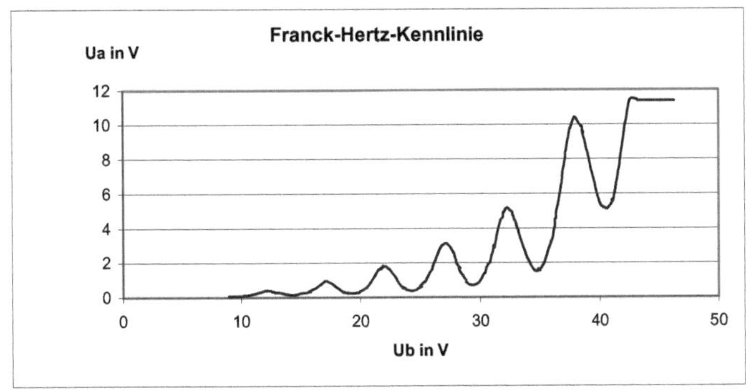

Abbildung 5:F-H-K 181°C 2,0V

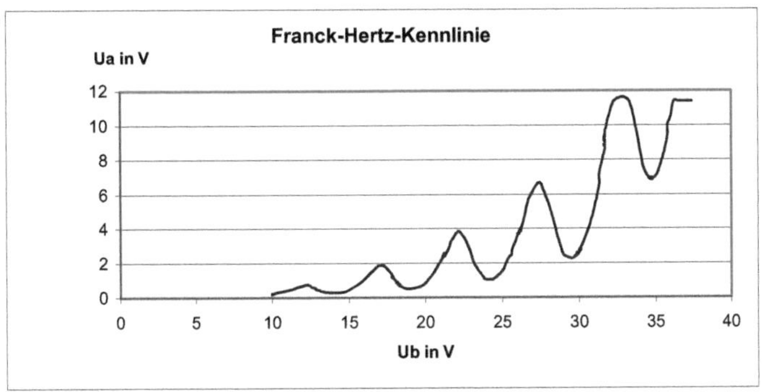

Abbildung 6:F-H-K 181°C 1,5V

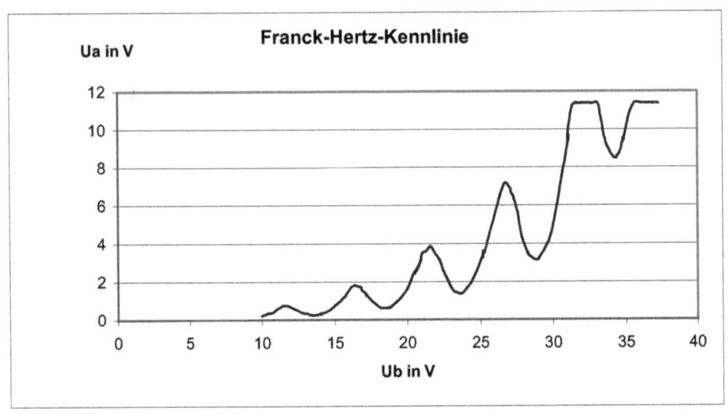

Abbildung 7:F-H-K 181°C 1,0V

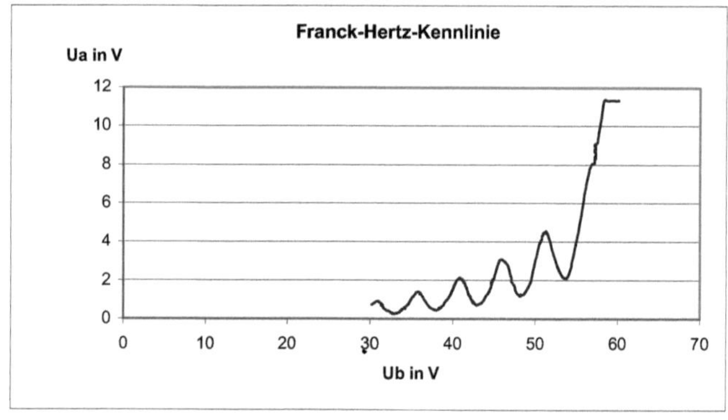

Abbildung 8:F-H-K 165°C 2,0V

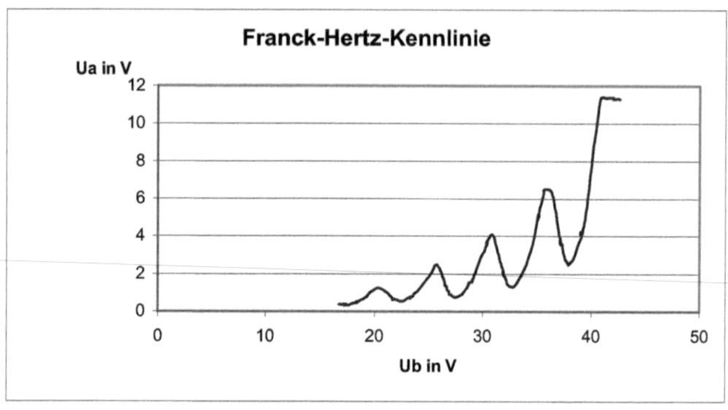

Abbildung 9:F-H-K 165°C 1,5V

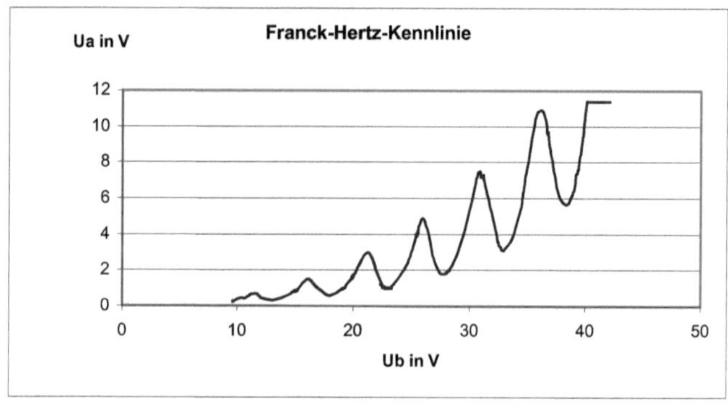

Abbildung 10:F-H-K 165°C 1,0V

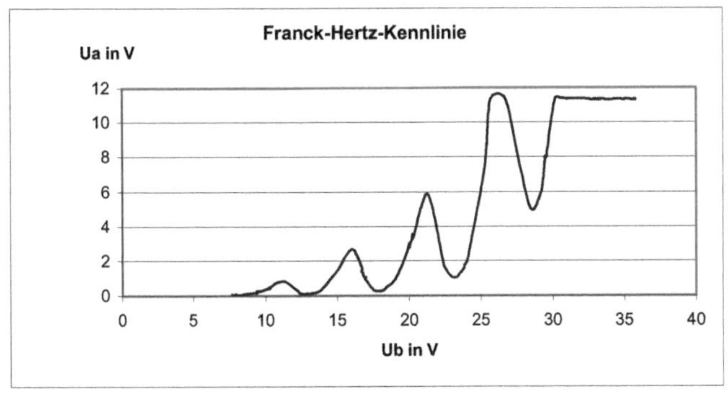

Abbildung 11:F-H-K 145°C 2,0V

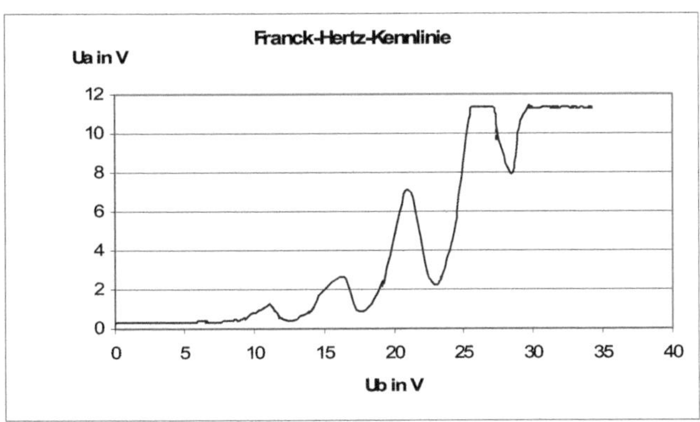

Abbildung 12:F-H-K 145°C 1,5V

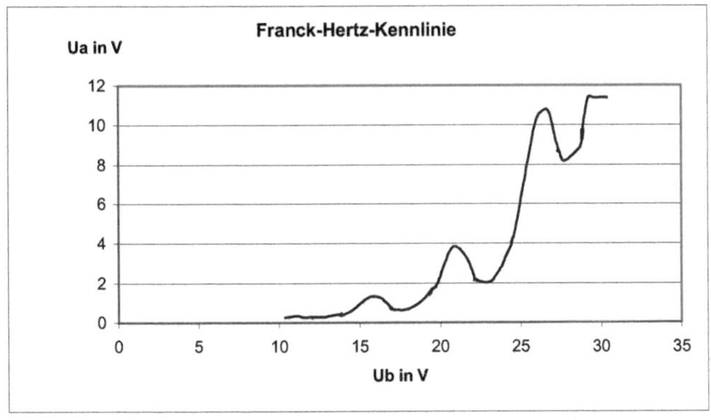

Abbildung 13:F-H-K 145°C 1,0V

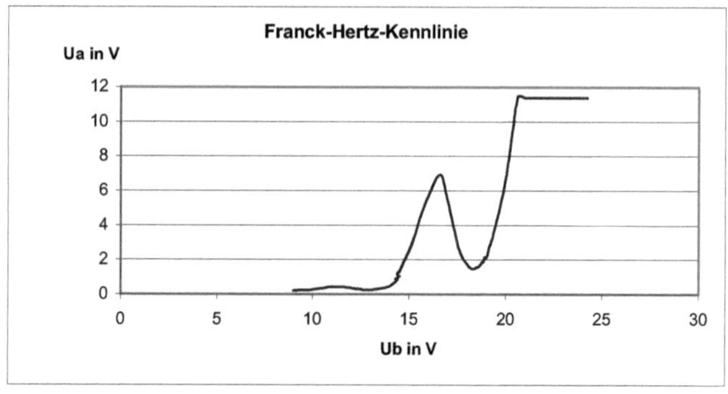

Abbildung 14:F-H-K 123°C 2,0V

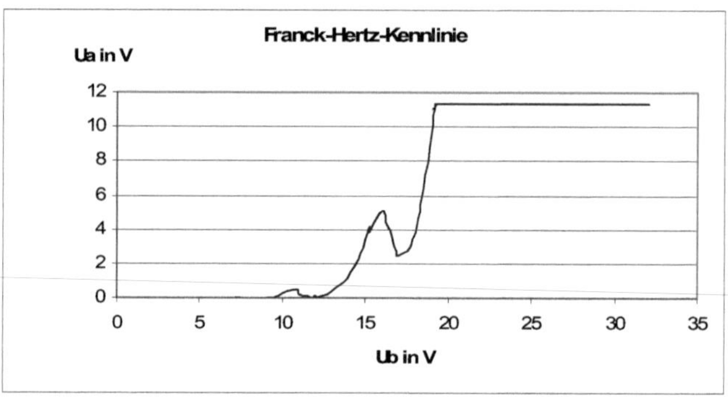

Abbildung 15:F-H-K 123°C 1,5V

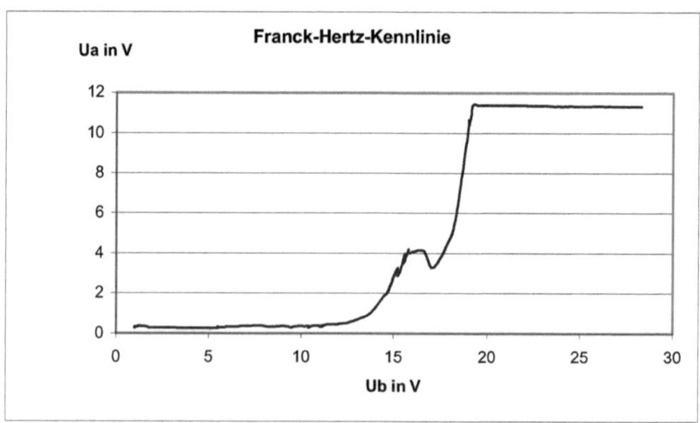

Abbildung 16:F-H-K 123°C 1,0V

Für Jedes Diagramm werden die Maxima 1-5. Ordnung – soweit vorhanden- mit den zugehörigen Spannungswerten separat dargestellt. An dieser Stelle haben wir uns für einen Größtfehler von 0,2V entschieden. Da die aufgetragenen Werte für uns recht gut ablesbar waren, sowie mit Hilfe der Messwerttabelle, die wir von Cassy Lab auf Excel übertragen haben, überprüfbar waren.

Durch die Maxima 1-5 (mit Größtfehler) wurde anschließend eine Ausgleichsgerade gezogen. Die zugehörige Geradengleichung wird ebenfalls in den Diagrammen dargestellt. Die Anregungsenergie ist der Geradengleichung zu entnehmen.

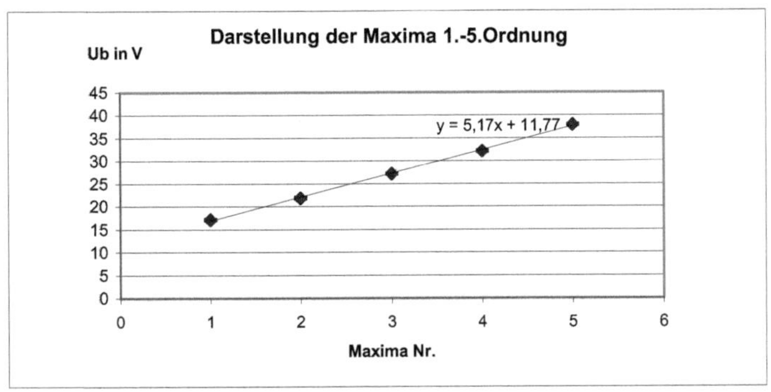

Abbildung 17:Darstellung der Maxima 181°C 2,0V

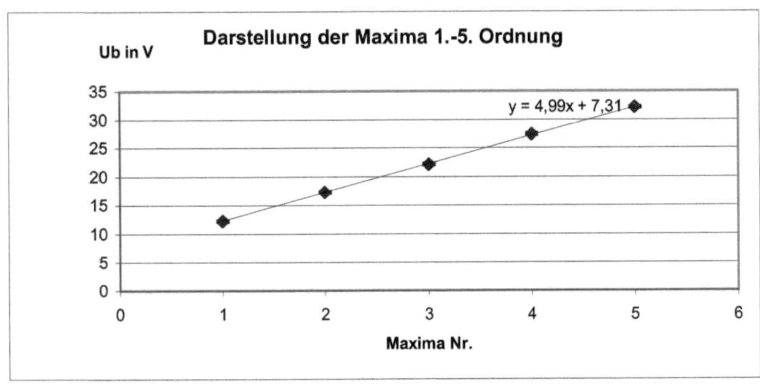

Abbildung 18:Darstellung der Maxima 181°C 1,5V

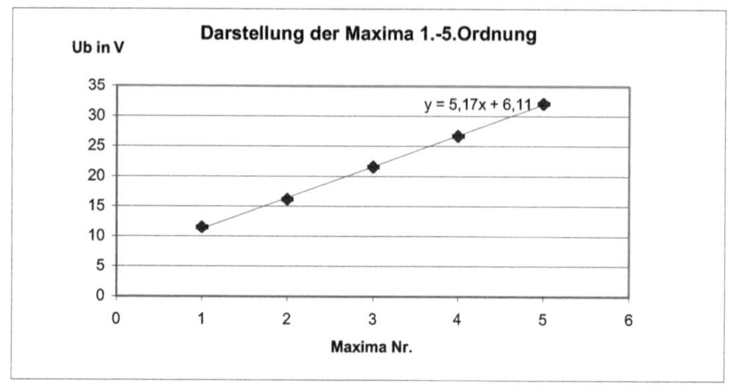

Abbildung 19:Darstellung der Maxima 181°C 1,0V

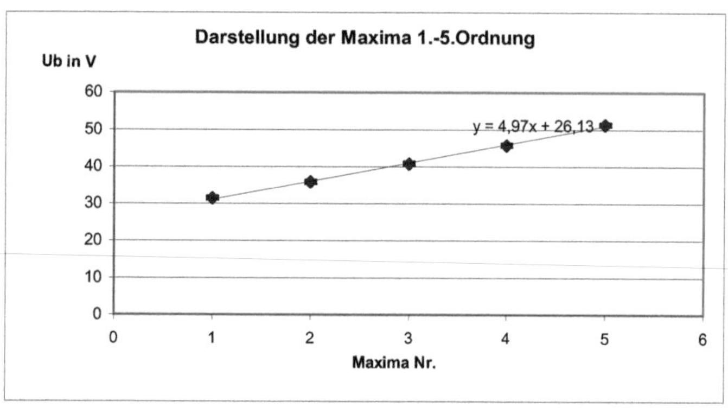

Abbildung 20:Darstellung der Maxima 165°C 2,0V

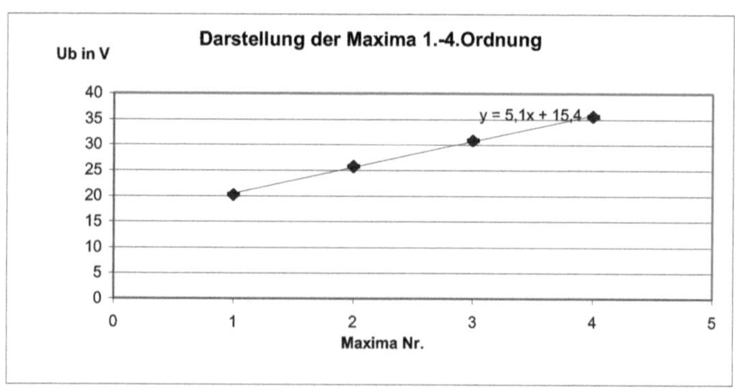

Abbildung 21:Darstellung der Maxima 165°C 1,5V

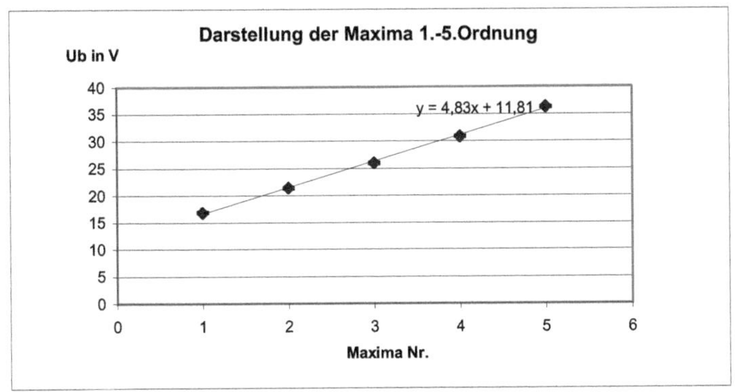

Abbildung 22:Darstellung der Maxima 165°C 1,0V

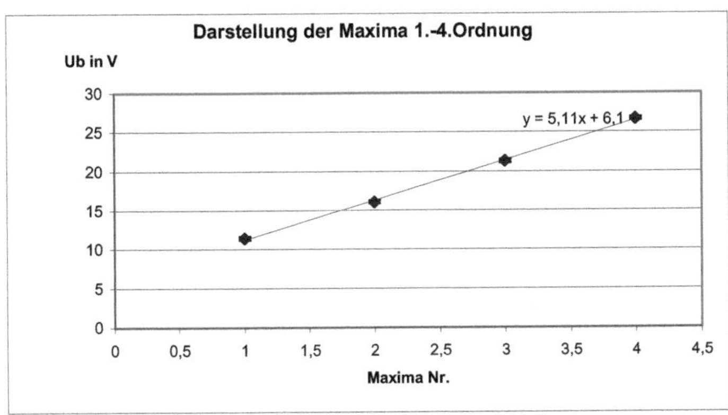

Abbildung 23:Darstellung der Maxima 145°C 2,0V

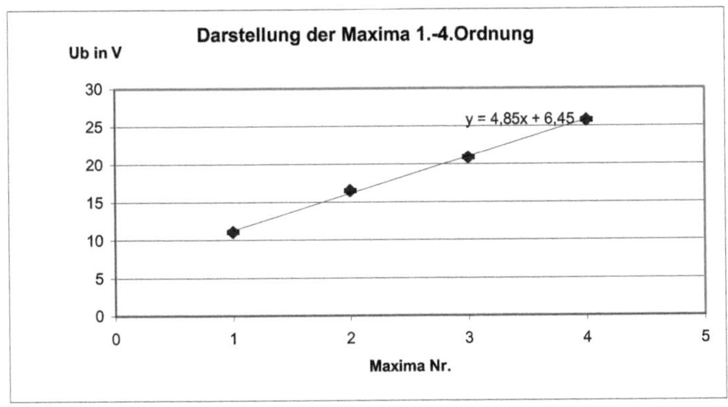

Abbildung 24:Darstellung der Maxima 145°C 1,5V

18

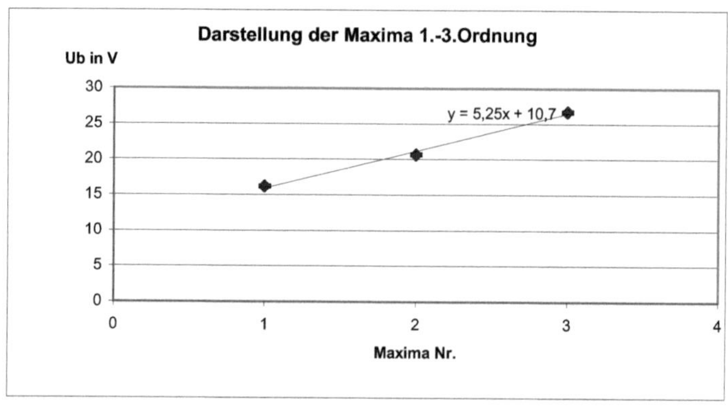

Abbildung 25:Darstellung der Maxima 145°C 1,0V

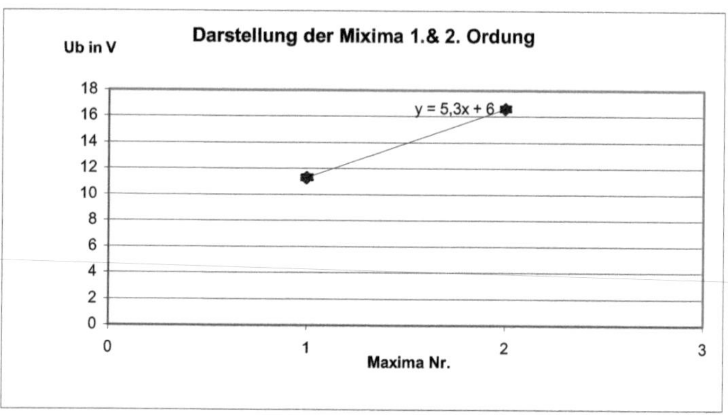

Abbildung 26:Darstellung der Maxima 123°C 2,0V

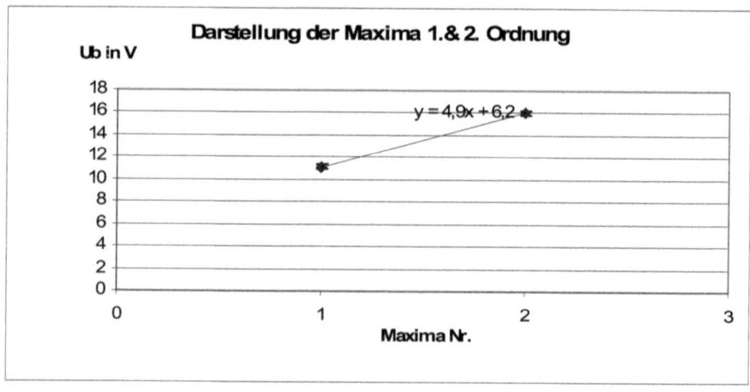

Abbildung 27:Darstellung der Maxima 123°C 1,5V

Auf die graphische Darstellung der Maxima in der Messwertreihe 4c mit T=123°C und

U_b=1,0V wurde verzichtet, da nur ein einziges Maximum bei U_b = 16,6V für uns erkennbar

war, welches schwach ausgeprägt war. Die Anfertigung einer Ausgleichsgeraden wäre bei

dieser Messreihe nicht möglich gewesen. Wir werden diese Messreihe im weiteren Verlauf

des Protokolls daher nicht weiter betrachten.

Aus der Geradengleichung können wir nun die mittlere Anregungsenergie E entnehmen. Mit

Hilfe der Messwerttabelle ermitteln wir die einzelnen Spannungsdifferenzen ΔU, bzw. die

Energiedifferenzen ΔE zwischen den Maxima. Die einzelnen Werte benötigen wir, um die

Standartabweichung σ berechnen zu können. (das für Größtfehler üblicher Weise verwendete

Delta Δ wird hier durch σ ersetzt)

Wir entscheiden uns immer die drei Messreihen zu gewichten, die bei derselben Temperatur

aufgenommen wurden, jedoch bei unterschiedlichen Gegenspannungen. Dies erscheint uns

sinnvoll, da wir davon ausgehen, dass die Temperatur den Verlauf der Franck-Hertz-

Kennlinie stärker beeinflusst, als leicht unterschiedliche Gegenspannungen. Daher würde es

unserer Ansicht nach wenig Sinn machen Anregungsenergien von Messreihen zu gewichten,

die bei stark unterschiedlichen Temperaturen aufgenommen wurden.

Für 1a) 4,7eV 5,3eV 5,0eV 5,7eV

Dann berechen wir mit Hilfe von Excel die Standartabweichung σ

$\sigma = 0,42720019$ eV $= 0,42$eV

1b) 5,0eV 4,9 eV 5,2eV 4,8eV $\sigma = 0,17$eV

1c) 4,7eV 5,4eV 5,1eV 5,4eV $\sigma = 0,33$eV

Anschließend werden die Anregungsenergien E der Messereihen 1a, 1b und 1c gewichtet. Es

handelt sich hier um die drei Messreihen der Temperatur $(181 \pm 4,0)°C$.

$$\hat{E} = \frac{w_1 \cdot E_1 + w_2 \cdot E_2 + w_3 \cdot E_3}{w_1 + w_2 + w_3}$$

$$= \frac{\dfrac{1}{(0,42eV)^2}\cdot 5,17eV + \dfrac{1}{(0,17eV)^2}\cdot 4,99eV + \dfrac{1}{(0,33eV)^2}\cdot 5,17eV}{\dfrac{1}{(0,42eV)^2} + \dfrac{1}{(0,17eV)^2} + \dfrac{1}{(0,33)eV)^2}}$$

$$= \frac{5,66eV^2 \cdot 5,17eV + 34,60eV^2 \cdot 4,99eV + 9,18eV^2 \cdot 5,17eV}{5,66eV^2 + 34,60eV^2 + 9,18eV^2}$$

$$= \frac{29,26eV^3 + 172,65eV^3 + 47,46eV^3}{49,44eV^2}$$

$$\hat{E} = \frac{249,37eV^3}{49,44eV^2} = 5,04eV$$

Den Größtfehler der gewichteten Anregungsenergie $\hat{E}$ berechnen wir mit Hilfe der Formel:

$$\sigma_{\hat{E}} = (w_1 + w_2 + w_3)^{-\frac{1}{2}} = \frac{1}{\sqrt{(w_1 + w_2 + w_3)}} \qquad \text{wobei } w_i = \frac{1}{\sigma_i^2}$$

$$\sigma_{\hat{E}} = \frac{1}{\sqrt{(5,66eV^2 + 34,60eV^2 + 9,18eV^2)}}$$

$$= \frac{1}{\sqrt{49,44eV^2}} = \frac{1}{7,03eV} = 0,14eV$$

$$\hat{E} = (5,04 \pm 0,14)eV$$

Der Literaturwert für die Anregungsenergie von Quecksilber wird mit 4,8865021eV angegeben. Wir liegen unter Berücksichtigung des Größtfehlers, der bei diesen Messreihen mit 0,14eV recht klein ist, leider etwas zu weit über dem Literaturwert.

Für 2a) 4,5eV 4,9eV 5,0eV 5,5eV

$\sigma = 0,41129876\,eV = 0,41eV$

2b) 5,5eV 5,1eV 4,7eV $\sigma = 0,4\,eV$

2c) 4,5eV   4,6eV   4,9eV   5,4eV $\sigma = 0,40414519eV = 0,40eV$

Anschließend werden wir die einzelnen Anregungsenergien E der Messereihen 2a, 2b und 2c gewichten. Es handelt sich hier um die drei Messreihen der Temperatur $(165 \pm 4,0)°C$.

$$\hat{E} = \frac{w_1 \cdot E_1 + w_2 \cdot E_2 + w_3 \cdot E_3}{w_1 + w_2 + w_3}$$

$$= \frac{\frac{1}{(0,41eV)^2} \cdot 4,97eV + \frac{1}{(0,40eV)^2} \cdot 5,10eV + \frac{1}{(0,40eV)^2} \cdot 4,83eV}{\frac{1}{(0,41eV)^2} + \frac{1}{(0,40eV)^2} + \frac{1}{(0,40)eV)^2}}$$

$$= \frac{5,94eV^2 \cdot 4,97eV + 6,25eV^2 \cdot 5,10eV + 6,25eV^2 \cdot 4,83eV}{5,94eV^2 + 6,25eV^2 + 6,25eV^2}$$

$$= \frac{29,52eV^3 + 31,87eV^3 + 30,18eV^3}{18,44eV^2}$$

$$\hat{E} = \frac{91,57eV^3}{18,44eV^2} = 4,96eV$$

Berechnung des Größtfehlers:

$$\sigma_{\hat{E}} = \frac{1}{\sqrt{(5,94eV^2 + 6,25eV^2 + 6,25eV^2)}}$$

$$= \frac{1}{\sqrt{18,44eV^2}} = \frac{1}{4,29eV} = 0,23eV$$

$$\hat{E} = (4,96 \pm 0,23)eV$$

Der Literaturwert wird mit E=4,8865021eV angegeben. Wir liegen unter Berücksichtigung des Größtfehlers nah an diesem Wert, und sind daher mit dem Ergebnis dieser Versuchsreihe sehr zufrieden.

Es folgt die Auswertung der Messreichen 3a, 3b und 3c, aufgenommen bei $T=(145 \pm 4,0)°C$

3a) 4,7evV 5,2eV 5,4eV $\sigma = 0,36055513eV = 0,36eV$

3b) 5,4eV   4,4eV 4,9eV $\sigma = 0,5eV$

3c) 4,5eV   6,0eV $\sigma = 1,06066017 = 1,06eV$

Die Berechnung des gewichteten Mittelwertes von $\hat{E}$ wird nach dem gleichen Schema wie bereits oben vorgenommen.

$$\hat{E} = \frac{w_1 \cdot E_1 + w_2 \cdot E_2 + w_3 \cdot E_3}{w_1 + w_2 + w_3}$$

$$= \frac{\dfrac{1}{(0,36eV)^2} \cdot 5,11eV + \dfrac{1}{(0,5eV)^2} \cdot 4,85eV + \dfrac{1}{(1,06eV)^2} \cdot 5,25eV}{\dfrac{1}{(0,36eV)^2} + \dfrac{1}{(0,5eV)^2} + \dfrac{1}{(1,06eV)^2}}$$

$$= \frac{7,71eV^2 \cdot 5,11eV + 4,0eV^2 \cdot 4,85eV + 0,88eV^2 \cdot 5,25eV}{7,11eV^2 + 4,0eV^2 + 0,88eV^2}$$

$$= \frac{39,39eV^3 + 19,4eV^3 + 4,62eV^3}{12,59eV^2}$$

$$\hat{E} = \frac{61,41eV^3}{12,59eV^2} = 5,03\text{eV}$$

Es folgt die Berechnung des gewichteten Fehlers:

$$\sigma_{\hat{E}} = (w_1 + w_2 + w_3)^{-\frac{1}{2}} = \frac{1}{\sqrt{(w_1 + w_2 + w_3)}}$$

$$\sigma_{\hat{E}} = \frac{1}{\sqrt{(7,71eV^2 + 4,0eV^2 + 0,88eV^2)}}$$

$$= \frac{1}{\sqrt{12,51eV^2}} = \frac{1}{3,53eV} = 0,28\text{eV}$$

$$\hat{E} = (5,03 \pm 0,28)eV$$

Dieser gewichtete Mittelwert der Anregungsenergie ist etwas weiter vom Literaturwert entfernt. Da wir aber einen Größtfehler von 0,28eV haben, befindet sich auch dieser für $\hat{E}$ ermittelte Wert noch im Rahmen.

Die Messreihen 4 a, b enthalten nur 2 Maxima. Daher kann zwar ΔU abgelesen werden, bzw. die Anregungsenergie E der Geradengleichung entnommen werden, es ist jedoch nicht möglich eine Standartabweichung σ zu berechnen, da zwischen zwei Maxima nur eine Differenz vorhanden ist. Um σ berechnen zu können sind mindestens drei Maxima, bzw. $2\Delta U$ nötig. Ohne Standardabweichung können wir nach gegebener Formel keine Gewichtung durchführen.

Bemerkenswert ist jedoch, dass die beiden Maxima in der Messreihe 4b $T = (123 \pm 4,0)^\circ C$ $U_G = (1,5 \pm 0,2)V$ eine Differenz von genau 4,9V aufweisen, bzw. E= 4,9eV entspricht.

Dieser Wert befindet sich sehr sehr nah am angegebenen Literaturwert von 4,8865021eV

5. Zusammenfassung

Auf Grund unserer Versuchsergebnisse haben erkannt, dass der Verlauf der Franck-Hertz-Kurve mit sinkender Temperatur unspezifischer wird und weniger verwertbare Daten (Maxima) ausweist. Eine Messung unter $(145 \pm 4{,}0)°C$ würden wir nicht wieder durchführen.

Wir erkennen, dass die Kennlinien temperaturabhängigg sind. Die Quecksilberdampfbildung ist bei höheren Temperaturen größer, als bei geringeren. Dadurch haben bei T= 123°C sehr viele Elektronen einen freien Weg zur Anode bzw. Auffängerelektrode. Es kommt seltener zu unelastischen Stößen. Die Kennlinie wird unspezifischer.

Auch ist uns aufgefallen, dass die Gegenspannung nicht unter 1,5V liegen sollte, da sonst die „bremsende Wirkung" der Gegenspannung zu schwach ist. Bei einer Gegenspannung von 1,0V gelangen zu viele Elektronen in wenig Zeit zur Auffängerelektrode. Die Maxima sind dementsprechend hoch.

Vergleicht man die Messereihen 1 und 2 und 3 mit ihren zugehörigen gewichteten Anregungsenergie, fällt auf, dass die 2. Messreihe T= $(165 \pm 4{,}0)°C$ eine gewichtete

Anregungsenergie von $\hat{E} = (4{,}96 \pm 0{,}23)eV$ aufweist. Sie ist damit näher am Literaturwert, als die Messreihe, die bei einer niedrigeren Temperatur durchgeführt wurde und auch als die erste Messreiche bei $(181 \pm 4{,}0)°C$. Dies entspricht nicht ganz unseren Erwartungen. Wir sind davon ausgegangen, dass wir das beste Ergebnis, also das was am nächsten am Literaturwert liegt, bei einer Temperatur von $(181 \pm 4{,}0)°C$ erhalten. Dies ist jedoch nicht der Fall.

Anhand des Kennlinienverlaufes, also der immer wiederkehrenden Maxima und anschließenden Stromstärkenabfälle in gleichen Abständen von 4,9V und der Berechnungen der Anregungsenergie ist für uns ersichtlich, dass die Energieübertragung von freien Elektronen an die Quecksilberatome stufenweise, also diskret stattfindet. Die Energieaufnahme durch die Quecksilberatome findet demnach in Paketen bzw. Quanten statt. Die Elektronen geben also erst ab einem Schwellenwert von 4,9eV ihre Energie ab. Die Quecksilberatome nehmen ein Energiepaket von 4,9eV auf.

Bezüglich der Bohrschen Postulate bedeutet dies, dass der Franck-Hertz Versuch zeigt, dass die Hüllenelektronen auf ein höheres Energieniveau gehoben werden. Auch zeigt er, dass die Energieaufnahme in Quanten stattfindet.

6. Literaturverzeichnis

ATKINS, P.W. (1993): Einführung in die Physikalische Chemie. Weinheim New York Basel.

ATKINS, P.W. (2001): Kurzlehrbuch Physikalische Chemie. Oxford.

EICHLER, H-J., H-D. KRONFELDT & J. SAHM (2006): Das Neue Physikalische Grundpraktikum. Berlin.

GIANCOLI, D.C. (2010): Physik. Lehr-und Übungsbuch. München Boston San Francisco.

GREHN, J. & J. KRAUSE (Hrsg.);(2007): Metzler Physik. Braunschweig.

VOGEL, H.(Hrsg.);(1995): Gerthsen Physik. 18.Auflage. Berlin Heidelberg.

Bedienungsanleitung Cassy Lab
URL:http://homepages.hs-bremen.de/~krausd/iwss/V21.pdf (04.08.13)

Franck, J. & G. Hertz (1914): Über Zusammenstöße zwischen Elektronen und Molekülen des Quecksilberdampfes und die Ionisierungsspannung desselben. In: Physikalische Blätter Volume 23, Issue 7, pages 294–301, Juli 1967
URL:http://onlinelibrary.wiley.com/doi/10.1002/phbl.19670230702/pdf (06.08.2013)

Konrad, U.: Der Franck-Hertz Versuch.
URL:http://www.ulfkonrad.de/physik/ph-13-fhv.htm (28.07.2013)

Uni Göttingen: Der Franck-Hertz Versuch.
URL:http://lp.uni-goettingen.de/get/text/4371(08.08.2013)

Uni Mainz (2005) Geschichte der Quantenphysik.
URL:http://www.quantum.physik.unimainz.de/
lectures/2005/ss05_quantenphysik/Zeittafel_QP.pdf) (01.08.2013)